和孩子一起
寻找财富宝藏

作者简介

橙可乐：

在知名高校完成经济学的系统学习和思维训练，毕业后在大型金融机构从业十余年，经手亿元以上项目无数，却对个人财富管理情有独钟。

业余时间在微信公众号"辣妈有财商"分享理财心得，迄今已超过5年，坚持用最通俗的方式解读复杂的投资逻辑，干货满满，备受欢迎。

她希望和关注她的数十万妈妈携手，在打理好家庭财富的同时，和孩子们共同增进财商，开启人生的财富宝藏。

做个从小
懂钱的孩子

橙可乐 著　　九杪 绘

SPM
南方出版传媒
广东经济出版社

图书在版编目（CIP）数据

做个从小懂钱的孩子 / 橙可乐著. -- 广州：广东经济出版社，2020.12
ISBN 978-7-5454-7521-0

Ⅰ. ①做… Ⅱ. ①橙… Ⅲ. ①财务管理－儿童读物 Ⅳ. ①TS976.15-49

中国版本图书馆CIP数据核字（2020）第257038号

责任编辑：刘　倩
责任校对：杨　蕾
责任技编：陆俊帆
封面插画：九　杪
封面设计：友间文化

做个从小懂钱的孩子
ZUOGE CONGXIAO DONGQIAN DE HAIZI

出版人	李　鹏
出版发行	广东经济出版社（广州市环市东路水荫路11号11～12楼）
经销	全国新华书店
印刷	广东信源彩色印务有限公司
	（广州市番禺区南村镇南村村东兴工业园）
开本	889毫米×1194毫米　1/24
印张	7
字数	74千字
版次	2021年3月第1版
印次	2021年3月第1次
书号	ISBN 978-7-5454-7521-0
定价	78.00元

图书营销中心地址：广州市环市东路水荫路11号11楼
电话：（020）87393830 邮政编码：510075
如发现印装质量问题，影响阅读，请与本社联系
广东经济出版社常年法律顾问：胡志海律师

序

（写给妈妈们的话）

工作之余，我有时会在家里用手机炒股。家里的小朋友们对于屏幕上红红绿绿的颜色很是好奇，问我在干什么。我说在买卖股票，如果赚到钱的话，可以给你们换玩具和小零食。于是小朋友们觉得这件事情很有意思。

后来我意识到，在他们即将开始的求学之路上，不会有一门课给他们讲授有关财富的知识。如果孩子们在步入大学之后，选择与经济、金融相关的专业，那么他们有可能在高等学府学习到经济学理论和部分金融实务知识。但是，大学的教授们大部分是理论领域的专家，有金融行业工作经验的实务型专家，少之又少。他们的课程可能教授一些有关股票和基金的基础知识，但这与实际投资理财仍有一定的距离。甚至教授们自己的投资收益和财务状况也未必那么好。

然而，财务状况对于每个人来说是如此重要，它关系到我们这一

生的生活品质，关系到我们住什么样的房子，穿什么样的衣服，有什么样的休闲活动，去哪里旅行和度假，甚至关系到我们的健康状态和寿命。

我观察到自己身边有不少这样的人：

有的过度节约，在生活中计较每一分钱的支出，降低自己的生活品质，但却因缺乏独立思考能力，在投资理财时亏掉大量积蓄；

有的不知积累，在成长过程中没能为获得较好的收入做充分准备，甚至在有了较好的收入后，仍因支出无度而陷入入不敷出的财务困境；

还有的在面临重大财务决策时，缺乏基本决策逻辑和信息搜寻渠道，比如年年看房年年不买，错过了楼市大涨的黄金岁月，直到靠收入再也无法完成置业目标。

如果他们能接受比较好的财商启蒙，具备相对正确的金钱观，养成理性的消费习惯，合理规划收入并且适当投资，那么他们的生活会不会过得更好呢？

正是抱着这样的初衷，我开始酝酿一本给孩子和父母共同阅读的有关金钱的书。这样，我过去10多年的工作经历，就不会仅仅只为我增加了收入，它还能为更多的人创造价值。这也是我写公众号"辣妈有财商"的初衷。

愿这本书，尽早和你相遇。

橙可乐

2020年3月于北京家中

导语

橙可乐在一家大型金融机构工作，金融科班出身的她，毕业后一直和钱打交道，每天的工作就是和数据、图表为伴。橙可乐有两个可爱的孩子：女儿可可已经读小学二年级了，是个聪明懂事的小姑娘，喜欢跳舞、滑冰，喜欢问问题；儿子乐乐还在读幼儿园中班，是个机灵、鬼点子多的小男孩，喜欢出去玩，喜欢吃各种好吃的东西。

在日常生活中，可可和乐乐两个小家伙总会问妈妈一些和金钱相关的问题。橙可乐觉得孩子们的问题很有趣，于是试着用他们能听懂的方式来解释金钱在人类生活中所起的重要作用。这些有趣的讨论为孩子们打开了一扇了解世界的大门。

让我们来看看他们都讨论了什么有意思的话题吧！

目录

钱是从哪里来的?

　　乐乐是一个很喜欢看动物主题动画片的小男孩。这天，他看到动画片里的小蜘蛛正在找食物吃，一个念头闪过他的小脑袋。

　　乐乐：妈妈，为什么蜘蛛肚子饿了，要自己找东西吃，而我们可以出去买东西吃呢？

　　妈妈：因为我们人类有钱，而小蜘蛛没有啊。这要从很久很久之前的事情说起呢。

在很久很久之前，人类还住在山洞里面，当时他们也像蜘蛛一样，需要去外面找吃的。人们用兽皮和树叶做衣服，把尖锐的石头绑在粗树枝上做武器。打猎获得的肉，野外采摘到的野果和野菜，就是他们的食物。天黑的时候，人们会生火取暖，并用火将猎物的肉烤熟。

但打猎并不是每次都能有收获，采野果和野菜也会受到季节的影响。而且，天气不好的时候，就没有办法外出找食物了。所以当时的小宝宝们，有时候会因为没有东西吃而饿肚子。

为了更好地生存，在年复一年的野外生活中，人们积累了大量的经验。他们制作出了更适合打猎的工具，学会了把石头打磨成更好的工具，还学会了饲养动物，比如小鸡、小羊，甚至学会了建造小房子。人们学会的技能越来越多，生活中的物品种类也越来越丰富了。

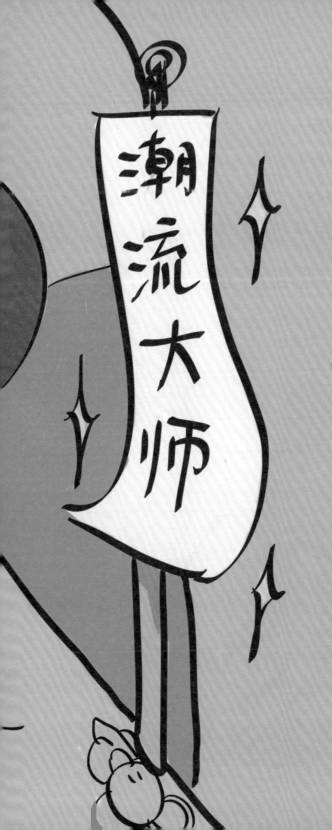

潮流大师

慢慢地，不同的人发现自己擅长不同的工作。小宇的爸爸因为擅长打猎，所以小宇家里的野猪肉多得吃不完，而小萱的妈妈做兽皮衣服很厉害，她做的衣服大家都喜欢。小宇爸爸请小萱妈妈帮忙做一件新的兽皮衣服，作为回报他给了小萱妈妈一大块新鲜野猪肉。这就是最早的物物交换。

但是小宇的爸爸遇到一个问题，新鲜的野猪肉不容易保存，那时候的人类还没有发明冰箱，吃不完的野猪肉很快就坏了。小萱的妈妈也遇到一个问题，需要兽皮衣服的人，不一定能提供小萱家里需要的东西。人们意识到需要一种特定的物品作为交换中介物，才能提高交换效率。

这种交换中介物需要满足以下条件：大家都能接受、有一定的装饰作用或者使用价值、体积小方便携带、不容易腐烂变质。当人们有物品富余的时候，可以先将其交换成这种交换中介物，然后再用这种交换中介物交换自己需要的东西。这种交换中介物在经济学中有一个学名："一般等价物"。

最早成为这种交换中介物的东西是贝壳。这种来自海边的，漂亮的，坚硬的，而且还能一个一个地数的东西，深受人们喜爱。于是，人们开始使用贝壳作为交换中介物来交换物品，贝壳就成了最早的钱。

货

贵

这就是为什么今天有很多和钱有关的字，比如"货""贵""账""财"都有一个"贝"字在里面。

财

账

根据古代书籍的记载，人们开始使用贝壳大约是在夏朝。但是，将贝壳作为钱来使用存在一些问题。贝壳有时会碎裂，而且单个贝壳的价值比较小，如果要买一头牛，可能要背好几袋贝壳，还要小心翼翼地不要把贝壳压碎，这实在是很不方便。于是，后来钱发生了很多变化，到了离我们更近的商朝晚期，距今大约3100年的时候，人类开始使用金属铸币。

妈妈
小讲堂

　　这就是我们生活中的钱的由来。今天我们可以用钱去买各种东西，而不需要再像小蜘蛛那样每天都出门找食物了哦。

　　在原始社会，生产力十分低下，人们能用于交换的剩余物资不多。随着生产力的发展，当社会分工形成之后，人和人之间开始进行物物交换。但是，物物交换的效率非常低，于是古人开始使用贝壳作为一般等价物进行交换。再后来，人们学会了铸造金属铸币。今天，人们使用的钱主要是纸币和金属铸币，甚至还有电子货币。

钱是怎么变成
今天这个样子的?

周末一大早，馋嘴的乐乐就从妈妈的钱包里翻出了信用卡，高兴地说：妈妈，我们去买冰激凌吃吧。

妈妈问：乐乐，我要考考你，信用卡为什么可以买东西呢？

这时，姐姐可可跑了过来，接口说：对啊，妈妈，买东西不是要用钱吗？为什么我们能用信用卡买东西呢？

妈妈说：这件事情就说来话长了，你们两个小家伙慢慢听我说哦……

上一节我们已经说到过，古时候的人们用珍稀而漂亮的贝壳来交换物品，也就是说，古人一开始是把贝壳当作钱。

但是，随着人类社会的发展，商品变得越来越多，交换也变得越来越频繁，人们对货币的需求量越来越大，将贝壳作为钱使用的缺点就显现出来了。第一，单个贝壳的价值比较小，人们购物时经常需要携带整袋贝壳出门，很不方便。第二，贝壳虽然坚硬，但是长时间使用仍然会有破损的情况出现。第三，贝壳是天然物品，个体存在较大的差异，给交换带来不少麻烦。

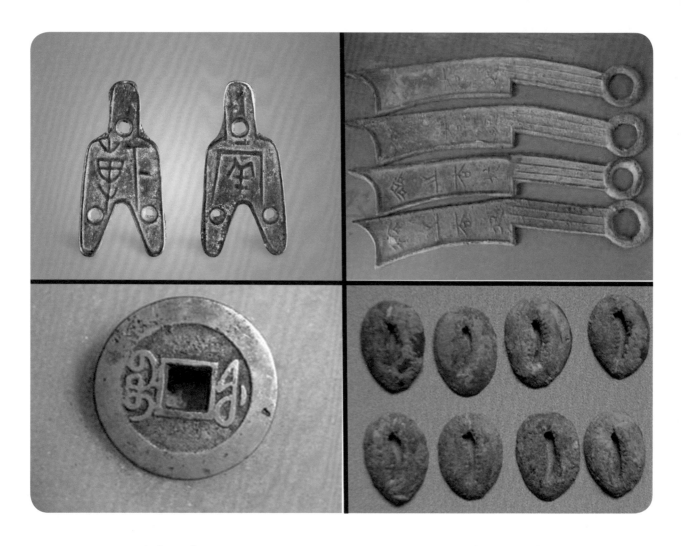

　　因此，当有了冶炼金属铜的本领之后，人们就开始用铜来仿制贝壳，这种东西被称为"铜贝"。铜贝是中国最早的铸币，早在商朝时就已经出现。金属铸币携带方便，便于计量，更适合流通的需要。随着商业的发展，金属铸币逐渐取代贝壳。经过西周，到了春秋时期，已经形成了布币、刀币、圜钱、蚁鼻钱（铜贝）等多种形式的铜铸币。

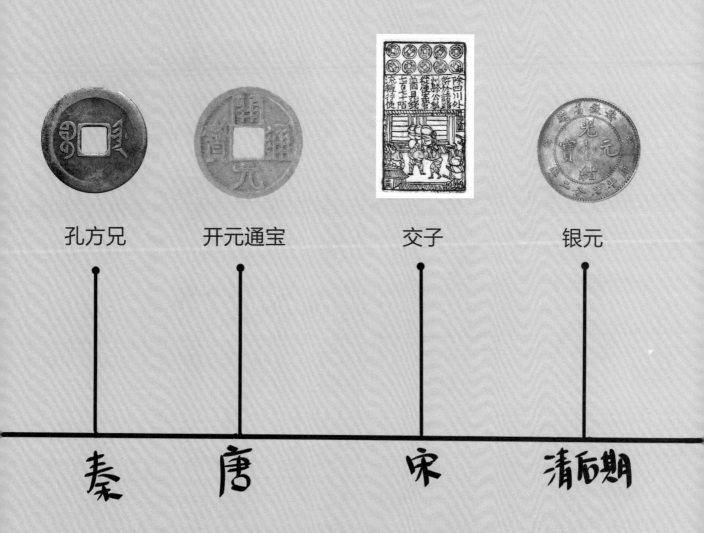

孔方兄　　　　开元通宝　　　　交子　　　　银元

秦　　　　唐　　　　宋　　　　清后期

　　秦统一六国后，秦始皇统一了货币，采用圆形方孔钱——半两钱作为当时的货币。圆形方孔钱就是我们所说的铜钱的最早形式。虽然这种圆形方孔钱在漫长的历史中经过了多次改良，名称也有变化，但是圆形方孔的形状再也没有改变过。这种形状的铜钱伴随着中国历史的演变，一直持续到民国时期，历时2000多年。在这个过程中，金、银和铁都曾经被用作铸币的材料。

可可：妈妈，把金属当作钱，会不会很重呀？那些金子和银子搬都搬不动，如果要去很远的地方旅行买东西，怎么带过去呢？

妈妈：可可这个问题问得好，这就是为什么后来人们开始使用纸币买东西了，这还要从唐朝说起。

在唐朝，各地在京城设进奏院。各地的商人去京城做买卖赚来的钱，可以存在进奏院。进奏院收到钱之后，就给商人开一份收据，证明商人有存款存在进奏院里，这份收据被称为"飞钱"。商人们做完生意，回到自己家乡时，不需要随身携带大量的金、银或者铜钱，只需要带上飞钱，就能在家乡政府提取自己存在进奏院的钱。这就是纸币的雏形，用一张纸代表货币。

大家快来使用朕的交子吧。

到了宋朝，造纸术和印刷术进一步发展，铜版印刷技术开始被用于发行纸币，交子成了人类历史上的第一种纸币。宋朝政府根据库存货币（金、银或者铜钱、铁钱）的数量印刷"官交子"，人们拿着交子就代表着拥有相应的货币，可以凭借交子提取相应的金属铸币，也可以用交子来支付结算和缴税。宋朝政府印刷发行的交子，是人类主权信用货币的开端。

到了现代，随着信息技术和数据存储技术的发展，人们只要把钱存在银行，银行就能记录客户的存款余额。并且，通过转账、刷卡等行为，只需要进行数据传输，银行就能记录我们账户的资金变动，不需要进行真正的货币转移就能划转资金，完成支付。

我请客，刷我的卡。

这就是为什么妈妈拿着信用卡就能买东西了。现在还可以使用支付宝和微信支付等来买东西呢。这也是我们使用钱的一种方式，以后我们可能连纸币、银行卡都不需要了，钱就只是一串数字了呢。

妈妈
小讲堂

　　古人把贝壳当作钱来使用，但是贝壳有一些缺点：自身价值低，容易磨损，而且个体差异比较大。从商朝开始，人们开始使用金属铸币。秦朝统一六国后所统一使用的圆形方孔钱，是铜钱的鼻祖。这种形状的铜钱一直使用了2000多年，直到民国时期。唐朝进奏院的飞钱，是纸币的雏形。宋朝的交子是主权信用货币的开端。今天，钱已经以越来越多的方式存在于我们的生活中，未来的钱可能只是一串数字哦。

我们的钱可以拿到美国去买东西吗?

　　可可和乐乐在玩地球仪，花花绿绿的地球仪好漂亮啊！他们在地球仪上找各个自己认识的国家，这里是美国，这里是加拿大，这里是德国，还有英国……

　　可可回头问了妈妈一句：妈妈，我们的钱可以拿到美国去买东西吗？

　　妈妈：不可以哦。

　　可可问：为什么不可以呢？

　　妈妈：因为大部分情况下，每个国家的钱只能在本国范围内使用。

钱（也被称为"货币"），代表的是国家的主权信用。一般一个国家只流通一种类型的钱，这样叔叔阿姨、爷爷奶奶在使用的时候才不会眼花缭乱。每个国家的钱都是由一个被称为"中央银行"的机构发行的。中国的"中央银行"是中国人民银行。所以在我们的钱币上，都印着中国人民银行的字样。虽然钱的材质简单，只是一张纸或者一小块金属，但由于它代表的是国家信用，所以我们可以放心地用它去买东西。

中国人民银行。

每个国家的钱币上的图案都非常独特，体现了该国的历史文化传承，所以钱也被认为是一个国家的名片。你可以从不同国家的钱币中认识和了解这个国家。比如说，我们国家目前正在流通的人民币，纸币正面大部分是毛主席的头像，他是中华人民共和国的缔造者，也是中华人民共和国第一任国家主席。而纸币的背面，则是我国很有代表性的建筑和山水风景图案。

100元面值的纸币背面是人民大会堂图案，人民大会堂是我国举行政治活动的重要场所；

　　50元面值的纸币背面是西藏的布达拉宫图案，布达拉宫是我国著名的古代宫堡式建筑；

　　20元面值的纸币背面是广西桂林的山水风景图案；

　　10元面值的纸币背面是长江三峡图案……

　　到目前为止，我国已经发行过五套不同设计的人民币。

美国的叔叔阿姨使用的钱币被称为"美元"。美元纸币正面主景图案为人物头像，主色调为黑色。背面主景图案为建筑，主色调为绿色。比如，100美元面值的纸币的正面是本杰明·富兰克林的头像。他是美国著名的政治家、物理学家，我们现在所使用的避雷针就是他发明的。据说本杰明 富兰克林当年为了研究雷电，曾经在雷雨天放风筝。100美元面值的纸币的背面是费城独立纪念堂，它是为庆祝美国建国100年，在1876年建造的，距今已经100多年了哦。

小朋友们可别在雷雨天放风筝哦，
很不安全。

50美元面值的纸币的正面是尤利西斯·辛普森·格兰特，他是美国著名的军事家、政治家，美国的第十八任总统。50美元面值的纸币的背面是美国的国会大楼，这个建筑就像中国的人民大会堂。国会议员们会在国会大楼里讨论各种国家大事。

　　日本的叔叔阿姨们所使用的钱币被称为"日元"。日元纸币的面值比较大，上面的图案主要是日本的名人、动物和植物。

　　比如：10000日元面值的纸币的正面是日本著名的启蒙思想家、教育家福泽谕吉，背面是凤凰图案。5000日元面值的纸币的正面是日本著名作家樋口一叶，背面是燕子花图案。

中国、美国、日本都发行自己的钱币，我们不能直接拿人民币去美国买东西，美国人也不能直接拿美元来中国买东西。但由于美国是发达国家，国力雄厚，美元的信誉比较好，所以在一些美国以外的国家和地区，美元也能被那里的人们接受。

相同面额的人民币和美元，所能买到的东西是不一样的。比如说，苹果手机是美国苹果公司出品的，一台苹果手机，在美国的售价是749美元，在中国的售价却是6499元人民币。这其中一个很大的原因就是人民币和美元的价值不同，这两种货币的比值通常在一个相对稳定的范围内波动，这个比值就是汇率。如果人民币和美元之间的汇率为6.8，那就是说1美元可以交换6.8元人民币，也就是说1美元差不多能买价值6.8元人民币的东西。

可可：可是，妈妈，我算了一下，749乘以6.8的结果只有5000多啊，和6499还差得远呢。这是为什么？

妈妈：这部分差距是由关税、增值税等各种税收和区域性定价策略等多种因素决定的，这些因素妈妈下次再给你们讲。

人民币
14元 / 千克

美元
2元 / 千克

日元
230元 / 千克

欧元
1.8元 / 千克

刚刚说到，不同国家和地区的货币价值不同，它们的比值就是汇率，而且汇率还是在不停变动的。汇率的变动会影响经济生活的各个方面，所以它是我们经济生活中的一个重要指标。这个世界上的富豪们一般都会同时持有多个国家的资产，因此他们会随时关心汇率变化给他们的财富带来的影响。

我的财产遍布世界各地！

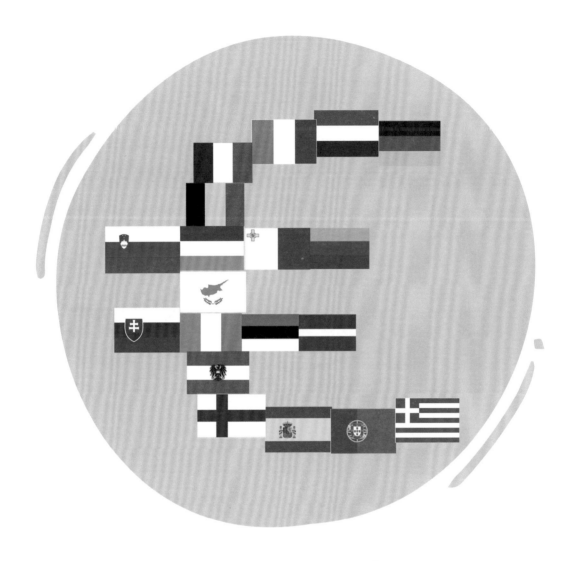

　　世界上还有一些国家，它们之间的货币是通用的。比如，欧洲的欧元区国家就统一以欧元作为流通货币。目前以欧元作为唯一合法货币的欧盟国家有19个。它们从2002年7月开始使用欧元，不再使用本国原有的货币。

这些欧元区国家面积都比较小，比如，比利时一个国家的面积只有两个北京市那么大。比利时小朋友们出国就和我们出省一样容易，如果每个国家都使用自己的钱币，相互之间开展贸易，结算起来就会非常麻烦。统一使用欧元，比利时的小朋友就可以很方便地去法国买蛋糕吃了。

妈妈
小讲堂

钱代表着国家的主权信用，也是一个国家的名片。每个国家的钱币上的图案都非常独特，体现了该国的历史文化传承。我们国家目前正在流通的人民币，纸币正面大部分是毛主席的头像，背面则是我国几处很有代表性的建筑和山水风景图案。不同国家的货币价值不同，其比值就是汇率。汇率是不断变动的，是我们经济生活中的一个重要指标。欧盟中的19个国家统一以欧元作为流通货币。

钱是怎么制造出来的?

晚上，妈妈正在用洗衣机洗衣服，可可急急忙忙跑了过来。

可可：不好啦，妈妈，我的外套口袋里有张5元纸币，这下要被洗衣机给洗坏了。

妈妈：不用担心，纸币是不会被洗衣机洗坏的。

可可：为什么啊？上次我在口袋里放了几张餐巾纸，结果在洗衣机里一转，就变成了一团渣渣。

妈妈：因为纸币在制造的过程中经过了特殊的处理，所以它在水里不容易被破坏哦。

可可：妈妈，到底是什么特殊的处理啊？

妈妈：可可你坐好，我以这张5元纸币为例，从头给你讲一讲钱是怎么制造出来的吧。

我以这张5元纸币为例，从头给你讲一讲钱是怎么制造出来的吧。

别看只是那么一张小小的纸片，纸币的制作工艺非常复杂，工序有十几道之多。而且，为了保证发行的安全性，这些工艺中的一些环节是保密的。特别是用于纸币防伪的一些技术，可都是国家机密哦。只有这样才能降低纸币被伪造的风险。

纸币制造的第一步是选纸。用于制造纸币的纸浆，大多采用纤维较长的棉、麻等植物来生产。这样造出的纸张光洁度好，坚韧而且耐磨。即使经过长期的流通，也不容易断裂、磨损、起毛等。这些纸浆中还要加入一些化学药剂，以增强耐磨、耐折、耐酸碱的特性。

　　这些化学药剂中有一种被称为"湿强剂"的药剂，它可以增强纸在被水分浸泡后的稳定性，使得纸币经过洗衣机的浸泡和揉搓之后，依然能完好无损。这种药剂还被使用在果袋纸、可湿水面巾纸等纸质用品上。

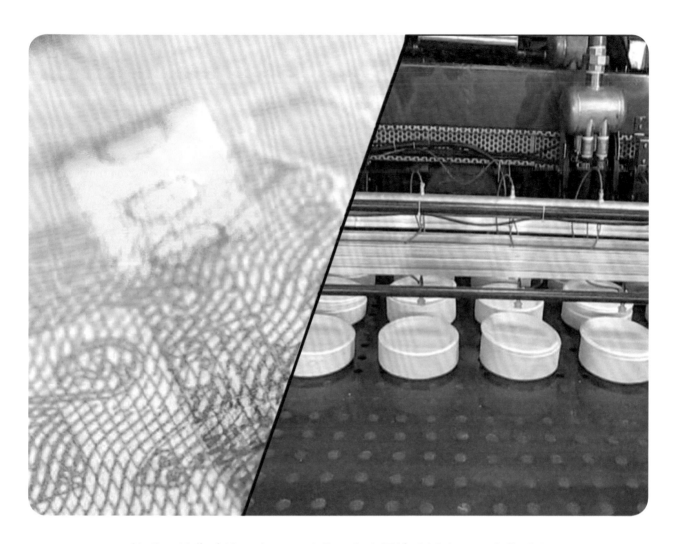

　　然后，纸浆被挤压去水，形成一张张原始的纸张。但这些纸张还不能直接进行印刷，趁着它们还没有干，需要先对它们进行防伪处理。第一道防伪工序是给纸张打上水印，这是纸币的一项重要防伪技术。另一道防伪工序是给纸张做上光变镂空开窗安全线，这条安全线从不同的角度看，会呈现不同的颜色。

　　接下来，这些纸张会被工人们搬去压制，干燥脱水。完成这些后，纸张的制作基本就完成了，下一步就该上印刷机印刷了。印刷纸币的印刷机油墨和我们平时用的不一样，都是特制的，而且工艺也是保密的。

　　印刷的工序也有很多道。从纸币的底纹印刷，到雕版钢模印刷，再到凹版印刷，不同的印刷工序会让纸币出现不同的花纹和图案。特别是凹版印刷，它能让纸币上的图案摸起来有凹凸的感觉。

在完成印刷之后，就该把这一大张一大张的纸张，按照纸币的实际大小裁切开来。在裁切完成之后，纸币的制作工序就基本完成了。接下来，质检员们要将这些纸币拿到高亮的灯光下，一张一张地检查纸币的质量。如果发现有质量不过关的纸币，就要把它挑选出来作废。

用于制作纸币的纸张是十分特殊的，数量有严格的控制，也就是说，在整个生产过程中，用于造币的纸张一张也不能少。如果在制作过程中，某个环节出了问题，导致纸张作废，需要进行登记和审查，非常严格哦。

一张也不能少哦！

经过这么多道复杂工序之后，纸币才会被封装好送到银行，最后流通到人们手中。

可可：哇哦，我从来不知道，原来纸币的生产过程这么有趣啊，真是太厉害了。

妈妈：好了，洗衣机停了，我们来看看你口袋里的钱。怎么样，没有弄坏吧？只要把它晾干就能继续使用了。

可可：好的，妈妈，我这就去把它晾起来。

妈妈小讲堂

纸币的制造工艺是非常复杂的。为了保证纸币经久耐用，生产纸币所用的纸是非常特殊的，而且还要加入多种化学药剂来增强纸的耐磨、耐折、抗腐蚀等特性。纸币的防伪工艺也非常复杂，而且是保密的，这样可以保证纸币不容易被伪造。由于用于制造纸币的纸非常特殊，所以在生产过程中，每一张纸都要进行登记和审查，连作废都要记录，非常严格。

我们生活中的钱是什么样的?

"六一"儿童节，天气晴朗，妈妈带着可可和乐乐坐地铁去公园里玩。妈妈给可可、乐乐买了车票，自己用公交卡。

　　乐乐歪着脑袋问：妈妈，为什么你刷公交卡就能乘车？刷卡机是怎么知道你的卡里有钱的？

　　妈妈笑着说：因为妈妈已经提前在公交卡里充了钱，地铁的刷卡机通过查询卡的账号余额，就知道卡里有钱了。这是我们生活中钱存在的一种形式哦。

在生活中，钱存在的形式多种多样。最常见的形式，就是平常所使用的纸币和硬币。爸爸妈妈的钱包里、家中抽屉里和保险柜里，都放着不少钱。我们通常把这些钱叫作"现金"。但是，爸爸妈妈的钱可不是只有现金哦。

大部分人都会把自己的钱存在银行里。银行是一种常见的金融机构，起源于15世纪的欧洲，据说最早的银行是在意大利的威尼斯创办的。我们把日常暂时用不到的钱存进银行，银行会把这些钱的金额记录到我们的账上，并帮我们保管好这些钱，这叫作"储蓄"。银行通常会给我们一本存折或一张储蓄卡，作为与银行账号对应的凭证。当我们需要用钱的时候，银行会把我们账户里的钱还给我们，还会多给我们一些，多给的钱被称为"利息"。

可可：为什么我们把钱从银行拿出来的时候，银行会多给我们一些呢？这些多出来的钱是哪里来的？

妈妈：这是因为银行在收取我们的钱之后，会把这些钱借给那些需要的企业和个人，这被称为"贷款"。当这些企业和个人把钱还给银行的时候，也需要支付利息给银行。在企业和个人资金困难的时候给予资金上的帮助，银行可是帮了大忙哦。

可可：那如果我向妈妈借钱买东西，是不是也得给妈妈利息啊？

妈妈：哈哈，你的小脑袋转得真快。在日常生活中，亲戚朋友之间的小金额借贷，一般不需要支付利息。但你要明白，别人如果借给你钱，那是在帮你的忙，可千万别觉得这是理所当然的事情哦。

可可：妈妈，我明白了。

因为大家都把多余的钱存在银行里，所以银行里有很多钱。为了保证安全，银行有非常复杂的安全体系。在我国，资金量最大的四家商业银行是"工农中建"，即工商银行、农业银行、中国银行和建设银行。之前我们提到的中国人民银行，是我国的中央银行，并不受理存款和贷款这样的业务。

　　只要在银行中存了钱，我们就可以使用银行卡来消费。银行卡和我们的银行账号对应，在我们使用银行卡消费的时候，刷卡机会直接向银行询问账户中的资金是否足够支付费用，如果账户余额不足，交易是无法成功的。

除了银行之外，我们还会把钱存放在各种消费卡中。比如，公交卡就是一种消费卡。每一张公交卡都对应着公交公司的一个账号，我们在往公交卡中存钱的时候，实际上就是把钱转换成了公交卡中的余额。以后，在我们乘坐公交车或者地铁时，刷卡机就会查询我们公交卡中的余额，并且从中扣取车费。

每天乘价值几个亿的交通工具——地铁上班，真爽。

日常生活中的消费卡还包括电卡（用于购买家用的电）、燃气卡（用于购买家用的燃气）、ETC卡（用于缴纳高速公路通行费）、食堂就餐卡，等等。得益于这些卡的使用，我们免去了很多找零钱的麻烦，生活效率也提高了许多。现在我们还会在支付宝和微信支付这样的虚拟钱包中存放一定金额的钱，以方便日常生活中的消费。

除了储蓄和消费之外，我们的钱还常常被用于投资，也就是人们常说的"用钱生钱"。比如，我们会用钱购买银行理财产品，会把钱转入证券账户去购买股票，会用钱购买基金。这些行为都属于投资行为。但是，不同的投资风险是不一样的。风险高的投资行为可能会让你的投资产生亏损，变得比刚投进去的时候还少哦。所以，控制风险是我们在投资前要考虑的第一个问题。

妈妈
小讲堂

生活中，我们的钱主要被用在了消费、储蓄和投资三个方面。除了用于日常消费的现金之外，我们常常会把钱存到银行里。银行会将我们的钱借给需要资金的企业和个人，并收取利息。银行用收到的这些利息来支付储户的利息，赚取中间的差价。我们还会把钱存在各种消费卡里，比如公交卡、电卡、食堂就餐卡等。而投资就是"用钱生钱"，控制风险是我们首先要考虑的问题。

零花钱该怎么花?

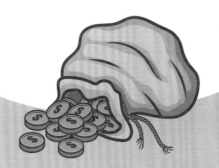

　　乐乐5岁了，全家人一起给他过生日。妈妈送给乐乐一个生日礼物，是什么呢？原来是一个大象形状的储蓄罐。

　　妈妈：乐乐，你已经5岁了，可以学着自己管理一些钱了哦。以后爸爸妈妈会每周给你10元零花钱，你自己来决定怎么花这些钱。

　　乐乐：好耶，终于有自己的零花钱了。

　　可可：弟弟，你要好好计划一下怎么用你的零花钱哦。

乐乐：我已经想好了，每天买巧克力吃，哈哈。

可可：这可不好，巧克力吃得太多，牙齿会坏掉的。而且，这样一来你的零花钱只会越来越少。

乐乐：那我应该怎么用这些零花钱呢？姐姐你教我一下吧。

可可：好吧，你是我的乖弟弟，那我就把妈妈之前教给我的零花钱知识给你说一说。

可可：首先，我们的零花钱从哪里来呢？我觉得总共有三种来源：爸爸妈妈给的，自己赚的，还有就是每年的压岁钱。

乐乐睁大了眼睛，发出一声惊呼：哇，原来有这么多来源啊。

可可：爸爸妈妈会定时给我一些零花钱，目前是每周给我20元。这部分钱是固定的，每周都会有。另一部分零花钱不固定，有机会的时候才能得到。比如说，有一次我参加了学校组织的作文比赛，得了二等奖，奖金有50元。还有一次我和学校的乐队一起去给老人院的爷爷奶奶们表演节目，也得到了30元的奖励。

乐乐：我知道了，帮助大人做事情就能赚到钱是吗？妈妈，我今晚就帮你洗碗、倒垃圾。

妈妈：乐乐，你是我们家庭的成员之一，参与力所能及的家务劳动是应该的哦。妈妈做家务可没有人付钱给妈妈呢。你也应该做一些家务了。

可可：对啊，我经常扫地、倒垃圾，还把我自己的衣服和学习用品整理好，这都是我应该做的事情。

乐乐：好吧，我明白了。

可可：还有一个最大的零花钱来源，就是过年的压岁钱哦。过年的时候，爷爷奶奶、外公外婆、爸爸妈妈、叔叔阿姨都会给我们压岁钱。每年的压岁钱可真不少呢。

乐乐：对呀对呀，不过之前我的压岁钱都被爸爸妈妈收起来了。

妈妈：那是因为你还小哦，这些钱妈妈都用来替你交学费了。

可可：乐乐，我还没说完呢。刚刚我只说了零花钱的来源，还没说我是怎么用零花钱的呢。我把每次得到的零花钱分成了两份：一份零花钱放在我的小钱袋里，用来买喜欢的零食和学习用品，你看我的水彩笔就是我用自己的零花钱买的。另一份零花钱会存到妈妈帮我开的银行账户里，这些钱存起来可以帮助我实现梦想哦。

乐乐：哇，姐姐好厉害哦，那姐姐现在一共有多少钱了呢？

可可：只要查一查我的账本，就知道了哦。

乐乐：账本是什么东西？

妈妈：账本就是我们用来记录账目的地方。简单地说，你可以把零花钱的收入和支出记在账本上，这样的话，你就可以很方便地知道你收到过多少钱，你把钱花到什么地方去了，以及你还剩多少钱。如果愿意，你还可以通过账本做更多的分析哦。所以，账本对于个人或企业来说都是很重要的。

087

乐乐：太厉害了，姐姐，你快点教教我，你是怎么写账本的呢？

可可：妈妈教过我一种简单的记账方式，我来教你。你找一本练习册作为你自己的账本。在练习册每一页第一行写上你当前的零花钱余额，因为你现在还没有零花钱，所以咱们先写上"0"。

可可：接下来的每一行，你就按照收到和支出零花钱的情况，一行记录一条。前面写上日期和具体的事情，后面写上金额。如果是收到了钱，那就在金额前面写一个"+"号；如果是支出了钱，那就在金额前面写一个"-"号。乐乐，你会加减了吗？

乐乐：我只会10以内的加减法……

可可：没关系，不会算术的话可以找姐姐帮忙。今天爸爸妈妈给了你一笔零花钱，所以你应该这么写。

余额：0

XXXX年XX月XX日　爸妈给的零花钱　+10

可可：好啦，第一条记录我帮你写好了，你现在总共有10元零花钱了。

乐乐：姐姐好厉害，谢谢姐姐。

妈妈：真是个好姐姐，给弟弟上了关于零花钱的第一课。乐乐以后要好好管理自己的零花钱和账本，妈妈要定期检查的哦。

妈妈小讲堂

零花钱是帮助我们建立金钱概念的好东西。除了爸爸妈妈会给你们零花钱之外，你们还有一些其他的零花钱来源。家务劳动是你们作为家庭成员应该参与的，不能因为做了力所能及的家务就想要零花钱哦。零花钱的收入和支出都应该记录到账本里。这样你们就能知道自己的钱是哪里来的，以及是怎么花掉的啦。

生活中有
哪些收入和支出?

周末了，妈妈带乐乐去超市买东西。乐乐很喜欢坐在大大的购物车里，让妈妈推着走。

　　妈妈：乐乐，最近的零花钱都是怎么花的？记在你的小账本上了吗？

　　乐乐：妈妈，我拿一些零花钱买了糖果和玩具，其他的零花钱都放在我的储蓄罐里，下次你带我去存到银行里吧。

妈妈：好啊，那这些钱你准备怎么花呢？

乐乐：我还没有想好，好像生活中没有太多需要花钱的地方。

妈妈：那是因为你还小哦，其实在生活中，我们的大部分事情都和钱有关。我们来做个游戏好不好？假设你是爸爸，你来想一想，我们家都有哪些收入和支出呢？

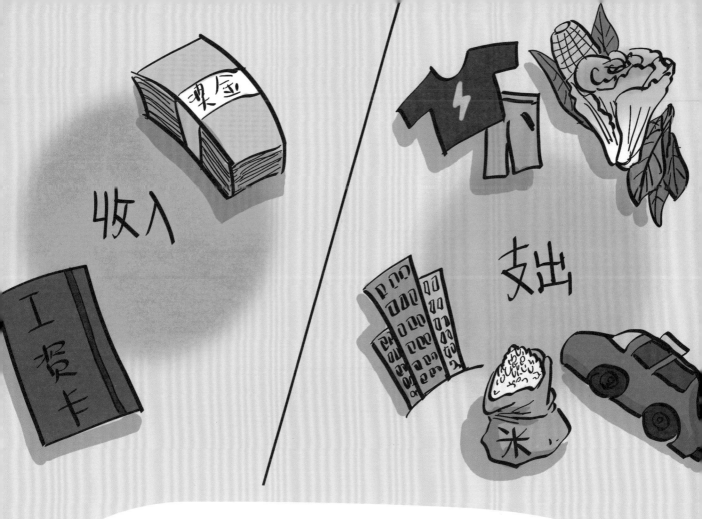

收入

支出

乐乐：我知道，收入就是指我们收到的钱。我们家爸爸妈妈都上班，每个月公司都会给爸爸妈妈发工资，年底的时候，爸爸妈妈还有奖金。支出就是我们花出去的钱，嗯，我们家每个人买衣服、买菜、买米要花钱，我和姐姐上学要交学费，我们家买了房子和车子，爸爸妈妈的车子还要加油，我们周末要去动物园玩，还要买门票……花钱的地方好多啊，我都算不过来了。

妈妈：乐乐挺棒的，一下子能想到这么多。

在生活中，我们的收入主要分为两种：主动收入和被动收入。主动收入是和你付出的劳动相关的收入。因为你参与了经营，卖出了产品，或者提供了服务而获得的收入，就是主动收入。而被动收入，是那些你不需要付出劳动，就能获得的收入。

举个例子，爸爸和妈妈每个工作日都去上班，勤奋工作，所以公司每个月给爸爸妈妈发的工资，以及年末的奖金都属于我们家的主动收入。除此之外，爸爸有时候会在周末受邀请去给别的叔叔阿姨讲课，他们会付给爸爸一定的钱作为报酬；妈妈有时候会写一写文章发表在报纸杂志上，这些报纸杂志会付给妈妈稿费，这些都是我们家的主动收入。

房屋租金

银行利息

证券股票

乐乐：哇，那么被动收入呢？听起来好像"不劳而获"啊？

妈妈：我们家的被动收入也不少啊。比如说，除了我们自己住的房子之外，爸爸妈妈还买了一套小房子，现在租给了两个叔叔住，他们每个月要给我们付租金，这个租金就是一种被动收入。另外，我们家在银行存了一些钱，这些钱会产生利息，这也是一种被动收入。爸爸妈妈还投资了一些理财产品，这些产品产生的收益也属于被动收入。

乐乐：妈妈，你说的这些我听不太懂啊。

妈妈：没关系，这些都是与金融相关的产品，妈妈以后会详细和你解释的，你现在只要记住我们家的收入包含主动收入和被动收入两类就可以了。

乐乐：嗯，主动收入和被动收入，我记住了。

　　我们家的支出，种类就更多了。首先，我们有很多日常支出，比如，我们的衣食住行都需要花钱，我们身上穿的衣服，每天吃的鱼、肉、蔬菜、大米、水果，还有家里汽车用的汽油等都是用钱换来的。周末的时候，我们还会去超市买零食、买文具。有时候我们会去餐馆吃饭，或者去看电影、去景区游玩，等等。这些也都是日常支出。

　　如果我们家里有人生病了，我们还得去医院，得支付医药费。如果病情比较严重的话，可能还要住院，那样我们需要支付的费用就更加高了。所以锻炼好身体，不仅能让你精力充沛，还能帮助家里省钱哦。

妈妈：另外我们家一块很大的支出就是你和姐姐的教育支出，你上幼儿园的学费，姐姐上小学的学杂费，还有你们学游泳、舞蹈、钢琴的学费，暑假去参加夏令营的费用等，都属于教育支出。爷爷奶奶、外公外婆年纪大了，虽然他们都有养老金，也有积蓄，但我们还是要定期给他们一些钱，让他们的生活过得更好一点，赡养老人是我们应尽的义务哦，这也是一笔支出。

乐乐：原来我们家有这么多支出啊！

妈妈：还没有完哦，对于中国家庭来说，最重要的几项支出就是买房、装修、买车这种大额支出。特别是买房，对于大多数人来说，都是一生中最大的一笔支出。大部分人无法一次性支付所有的买房款，需要通过先付一部分钱作为首付款，然后向银行借钱，并且每个月向银行还钱的方式来买房。在这种情况下，每个月向银行还钱就成为一项固定的家庭支出，叫作"房贷月供"。

乐乐：原来我们住的房子这么贵啊，看来我确实应该好好整理房间。

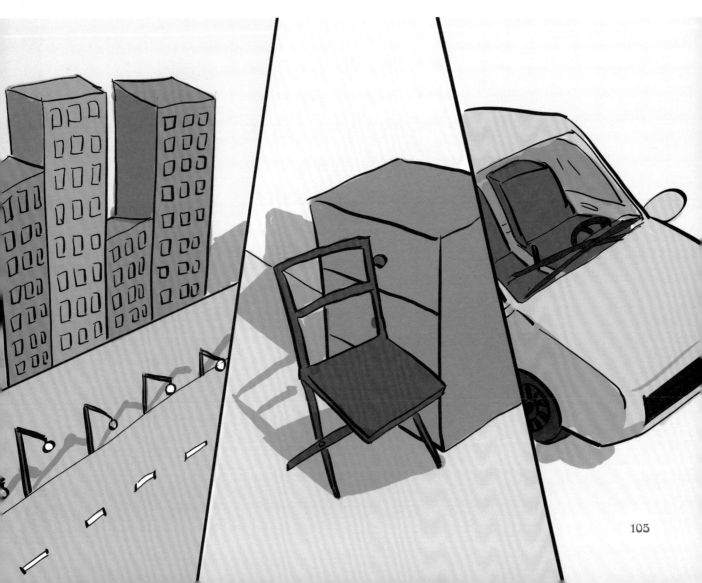

妈妈：乐乐很聪明，其实随着你年龄的增加，你学习和接触到的东西变多，你就会了解到生活中更多的收入和支出。下次妈妈和你讲一讲生活中，不同职业的叔叔阿姨是怎么获得金钱的，这样你就能更了解生活中的金钱啦。

乐乐：太好了，妈妈，我们赶紧去买巧克力吃吧。

妈妈
小讲堂

在我们的生活中，离不开和金钱相关的收入和支出。爸爸妈妈的收入分为两部分：主动收入和被动收入。主动收入包括爸爸妈妈的工资、写作的稿费，以及讲课的报酬等。被动收入包括房屋的租金、存款的利息，以及一些投资的回报等。家庭的支出包含很多项目，比如我们的衣食住行、医疗费用、教育费用、老人的赡养费用，以及对于大多数中国家庭来说最大的支出——买房。这些收入和支出构成了我们生活的方方面面。

不同职业的人是怎么赚钱的?

妈妈带着可可和乐乐去菜市场买菜，两个小家伙很喜欢在菜市场里看各种各样的蔬菜和鱼。妈妈买了几个西红柿，付了5元钱给卖菜的大伯。

乐乐：妈妈买菜，把钱付给了大伯，所以这钱对于妈妈来说是支出，对于大伯来说是收入。

妈妈：乐乐说得很对，妈妈上次说要和你讲一讲各行各业的人们是怎么赚钱的，咱们今天就可以聊一聊这个话题了。

可可：我知道，我知道，菜市场的叔叔阿姨，他们自己种了菜、水果，或者自己捕到了鱼，就拿到这里来卖，这是他们赚钱的方式。

妈妈：可可说的有一部分是对的。在这个菜市场里，确实有很多叔叔阿姨自己种粮食、蔬菜、水果，或者自己捕鱼。你可以叫他们"农民"或"渔民"。他们赚钱的方式是从事农业和渔业生产，然后靠销售这些农产品和水产品来获得金钱。

妈妈：但是在菜市场里，还有很多叔叔阿姨不直接从事农业和渔业生产，而是从其他人手中买入这些产品，然后在这个菜市场中卖给普通的消费者。因为卖出的价格比买入的价格要高，所以他们的钱会变得更多。比如，在这个菜市场中经营海产品的叔叔阿姨都不从事渔业生产，他们是商人，这是他们赚钱的方式。

可可：为什么商人要提高卖出的价格？如果我们向直接生产这些产品的人购买，是不是会更加便宜呢？

妈妈：直接向生产这些产品的人购买，确实有可能会更加便宜，但我们要花更多的时间，还要跑更远的路去找他们。比如说，我们这里离海边很远，如果我们要去海边向那些真正的渔民购买水产品的话，我们可能今晚都回不了家呢。所以，商人虽然提高了售价，但是他们帮我们节约了时间和精力，他们赚钱的方式是很合理的。

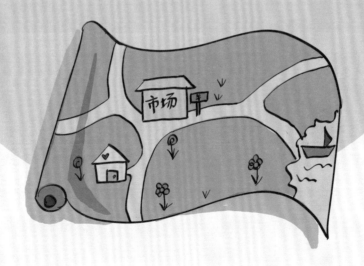

1. 收入 ＝ 每个月的固定工资

2. 收入 ＝ 单个产品报酬 × 当月生产的产品个数

乐乐：原来农民、渔民和商人，他们赚钱的方式这么不一样啊。那么其他职业的叔叔阿姨呢？

妈妈：再给你们讲讲其他几种职业赚钱的方式。先说说工厂里的工人叔叔。他们赚钱的方式有两种：第一种是固定工资的形式，就是和爸爸妈妈一样，每个月由公司发放固定的工资。第二种是按照工作的产出来计算。比如，生产一个零件能得到10元的报酬，那么如果工人叔叔他干活速度快，就能得到更多的金钱。这种方式有助于激励工人叔叔多生产，提高工作效率。

3. 收入 ＝ 每个月的固定底薪 + 每个月的销售额 × 销售分成比例

妈妈：还有我们的邻居刘叔叔，他是做汽车销售工作的，他的收入和他的工作成果关系很大。刘叔叔的公司每个月会给刘叔叔发固定底薪，但是他每个月的固定底薪并不高，只占每个月收入的很小一部分。对刘叔叔来说，每个月收入的大部分来源于他上个月汽车销售的情况，这部分钱叫作"销售分成"。如果刘叔叔上个月卖的汽车多，那么他在下个月得到的分成就多，如果上个月卖的汽车少，那么他在下个月得到的分成就少。

可可：那刘叔叔得每个月都努力卖车才行啊。

16000

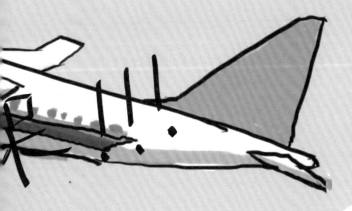

妈妈：是啊，我们对待自己的工作，就是要时时刻刻都努力才行。欧洲有一个著名的飞机制造商叫作"空中客车"，曾经有一个叫约翰·雷伊的伯伯在这家公司主管销售工作。他创造了23年卖出16000架飞机的销售奇迹，平均一天能卖出2架飞机呢！

可可：哇，太厉害了，居然能卖出这么多架飞机！

哈利·波特

《哈利·波特》被翻译成很多种语言出版！

罗琳

118

乐乐：妈妈，有没有不需要时时刻刻都努力的工作啊？

妈妈：嗯……工作都是要努力的，就像你们俩的学习一样。不过呢，有些职业在工作时间安排上相对灵活一些。比如说作家，作家一般不属于任何公司，也没有公司会每个月给他们发工资。他们的主要收入来源于他们写的书的版税。版税是指当作家写的书被出版之后，出版社按照这本书销售的情况，将一部分销售收入分给作家。如果书很畅销，作家就能通过版税赚到很多钱。比如你们很喜欢的《哈利·波特》，它的作者J.K.罗琳就靠这一套书，直接变成富豪了呢。

可可：《哈利·波特》确实很好看啊，我还很喜欢看它的电影。

妈妈：是的，如果一个小说作家的小说很受欢迎，就会有人把这本书改编成电影、电视剧，甚至电子游戏。每一次改编，改编者都需要支付费用给原书的作者。所以对于作家来说，如果他写过一本成功的书，他就会有持续的收入，甚至有不少被动收入。这样，他就可以考虑放松一段时间，而不是一直工作啦。

妈妈：最后再说一个职业——企业家。企业家主要指创办了一家企业，并且正在管理这家企业的管理者。由于是企业的创办者，企业家一般拥有企业的股权。打个比方，假设可可、乐乐你们两个人每人出5元钱，一共10元钱买了一个西瓜，那么这个西瓜你们俩应该一人一半，因为你们俩每人都拥有这个西瓜一半的权益。股权代表的就是企业的权益。所以，对于企业家来说，虽然企业也给企业家发工资，但是他最大的收入不是工资，而是他的股权价值的增长。当他的股权能变成金钱的时候，他就成为一个富人了哦。

可可：各行各业的叔叔阿姨获得金钱的方式好不一样哦。

妈妈：是啊，社会中有各种各样的职业，无论哪种职业，能获得收入的前提都是要把工作做好，世界上可没有不劳而获的事情。就像你们，只有认真努力地学习，才能获得真正的知识。

妈妈
小讲堂

不同行业的人获得金钱的方式很不一样。农民靠出售自己所种的蔬菜和粮食获得金钱，只有在收获的季节才有收入。渔民靠出售打捞来的鱼虾等水产品获得金钱。商人通过买卖商品赚取差价获得金钱。工人获得金钱的多少往往和他们生产产品的数量和质量有关。销售员需要多卖出产品才能获得更多的金钱。作家的金钱主要来自他们作品的版税。对企业家来说，大部分金钱来自他们持有的企业股份的增值和变现。

银行的历史
是怎么样的?

　　拿到零花钱的乐乐一直想把零花钱存到银行里。一到周末，乐乐就迫不及待地跑来找妈妈。

　　乐乐：妈妈，我的零花钱还没有存到银行里呢，你能带我去银行吗？

　　妈妈：好啊，不过妈妈要先考考你，你知道银行的历史吗？

乐乐：我记得妈妈说过，银行大约起源于文艺复兴时期的意大利威尼斯，其他的我就不知道了。

妈妈：你说得没错，西方国家最早的银行起源于意大利。英文中的"银行"一词"bank"就来源于意大利语"banco"，"banco"的原意是"长凳"。因为当时银行的功能是货币的鉴别、兑换，以及借钱给商人，而由于条件简陋，"银行"里有时只有一条供人们谈生意时坐的长凳，所以人们就用"banco"一词来指代"银行"了。

乐乐：原来是这样，那个时候银行的业务和现在一样吗？

妈妈：很不一样。当时欧洲的银行，一般是由一些富商为了经商方便而设立的，银行的业务通常只有接收存款和发放贷款两种，而且放贷的对象也很有限，一般只贷款给王公贵族。由于业务类型单一，服务人群单一，所以当时的银行运营风险很高。如果王公贵族还不上钱，或者干脆不想还钱，银行就得破产了。

到了17世纪，英国还没有纸币，金币是当时流通的货币。任何人都可以拿着金块去铸币厂铸造金币，所以铸币厂里常常存有一些客户的黄金。著名的科学家牛顿就曾经担任过英国皇家铸币厂厂长。但有一个问题：铸币厂是属于国王的，假如国王想把这些民众的黄金据为己有，那么民众是完全没法保护自己的黄金的。

1638年，英国国王查理一世就为了筹措军费，征用了铸币厂里平民的黄金。这个事件让民众彻底失望了。于是，人们不再把黄金存在铸币厂，而是把黄金存到一些信誉好的金匠那里。金匠为存黄金的人们开立凭证，人们用凭证从金匠那里取出对应数量的黄金。

　　人们很快就意识到，既然凭证能换到黄金，那么在交易发生的过程中，就不需要真的黄金了，只需要凭证就可以了。金匠成了银行的雏形。随着时间的推移，这些金匠逐渐发现，人们越来越多地使用他们开具的凭证进行交易，反而很少真正来金匠铺里取黄金了。这样一来，金匠完全可以开出更多的黄金凭证，把其中一部分以放贷款的方式交给有需要的客户赚取利息，保留一定的黄金实物以备客户提取就足够了。

因为，只要在他们这里存黄金的民众不是同时来取黄金，金铺里的黄金就够用了，金匠的生意就能继续做下去！这些凭空印出来的黄金凭证，就是信用货币的雏形。1694年，世界上第一家按照资本主义原则组织的银行——英格兰银行宣布成立。这家银行后来发展成为全世界第一家资本主义国家的中央银行。这就是现代银行的发展历史。

乐乐：妈妈，你说的好像都是外国的银行，我们中国的银行呢？

妈妈：我们国家很早就有类似银行职能的机构存在，只不过它们没有现代银行那么完善。比如唐朝的进奏院实际上就实现了银行异地存取的功能。这些早期的机构基本都是官办的，后来才有民间经营的银号和钱庄。这些机构从事的主要是存款和贷款业务。

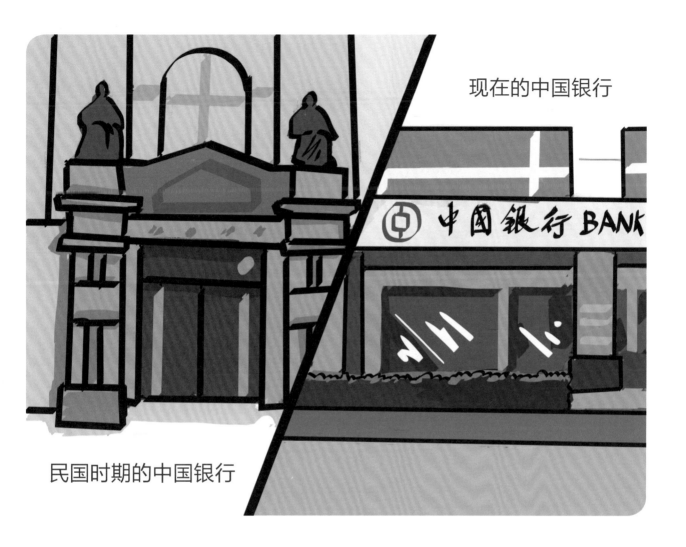

现在的中国银行

民国时期的中国银行

中国第一家民族资本银行是1897年成立的中国通商银行。民国时期的四大银行是中国银行、中国通商银行、中国农民银行和交通银行。直到改革开放以后，我国的银行业才逐渐发展成以工商银行、农业银行、中国银行和建设银行为四大国有银行的格局。

乐乐：妈妈，那我们赶快去四大银行存钱吧，马路对面就有一家工商银行，他们肯定不会把我的零花钱搞丢吧？

妈妈：当然不会，银行对于储户的钱是有责任的，而且我国银行破产的可能性很低，所以你的零花钱肯定是安全的，放心吧。我们赶紧出门吧。

妈妈小讲堂

银行起源于文艺复兴时期的欧洲。英文中"银行"一词"bank"来源于意大利语"banco",原意为"长凳"。早期欧洲的银行只放贷给王公贵族。17世纪时的英国,民众把自己的黄金放在铸币厂,以待铸成金币。但后来由于担心王室侵吞黄金,民众转而将黄金保存在信誉良好的金匠铺子里。金匠开立的黄金凭证成了信用货币的雏形。我国最早的民族资本银行是中国通商银行。现在,我国最大的四家银行是工商银行、农业银行、中国银行和建设银行。

银行是怎么工作的?

中国工商银行

妈妈带着乐乐来到银行存零花钱。银行里的人可真不少，有的银行工作人员在大厅里解答客户的问题，有的银行工作人员在柜台后面帮助客户办理业务，一些客户坐在椅子上休息和聊天，大厅里还站着高大的银行保安人员。

妈妈：乐乐，我们先去拿一个办理业务的号，然后坐在椅子上等着就好了。

乐乐点点头。

　　妈妈带着乐乐取完号，发现前面还有5个人在排队，于是妈妈带着乐乐找了两个位子坐了下来。

　　妈妈：乐乐，你看我们是A1013号，那个电子显示屏上显示的是目前正在办理业务的编号A1008，只要这个号码变成A1013了，就轮到我们了哦。

　　乐乐：好的，妈妈，来银行的人不少啊，他们都是来存钱的吗？

妈妈：可能有一部分人是来存钱的。事实上，银行开展的业务很多，基本都是和钱进出相关的业务。人们最熟悉的业务应该就是存款和贷款业务。这两个业务的服务对象不仅包括普通人，还包括企业。也就是说，个人和企业都可以把钱存在银行，也都可以向银行申请贷款。如果你把钱存到银行里，在把钱取回的时候，银行会退还更多的钱给你。在这个过程中，原始的存款被称为"本金"，多出来的这部分钱被称为"利息"。同样，如果你从银行贷款，在归还贷款时，也需要加上利息。

存款总规模22.98万亿元

每个人可以分到1.64万元

利息的多少和本金以及存款或贷款的时间长短有关。本金金额越高，存款或贷款的时间越长，利息就越多；反之，利息就少。但是，相同的金额、相同的时间，存款的利息要比贷款的利息少，银行主要就是靠着利息差来赚钱的。大银行的存款和贷款的规模都能超过10万亿元。我国最大的银行——工商银行，2019年的存款规模达到了22.98万亿元，如果把这些钱平均分给每个中国人，那么每个人差不多可以分到1.64万元呢。

乐乐：哇，比我的零花钱多得多啊！

银行存款的种类很多，不同类型的存款对应不同的利息，最常见的类型包括活期存款、定期存款和零存整取存款等。其中，活期存款支持客户随时存钱，随时取钱，但是利率比较低。定期存款对本金取出的时间有限制，必须存够一定的时间取出才能按照定期存款的利率支付利息。零存整取存款则是按照一定的要求定期存钱，然后在满足一定的期限后取出。所以，活期存款是最灵活的，对客户的限制最少，利率也最低。定期存款对客户存钱期限的要求最高，所以它对应的利率也是最高的。

某银行人民币存、贷款利率表

种类	存期	年利率/%	项目	贷款期限	利率
定期零存整取	三个月	1.35	短期贷款	×××××	4.35
	六个月	1.55		×××××	4.35
	一年	1.75	中长期	×××××	4.75
	二年	2.25		×××××	4.75
	三年	2.75		×××××	4.9
	五年	2.75		×××××	

银行的贷款也有很多种，我们可以按照贷款的用途来给它们分类。比如，房贷是贷款给客户用于买房子的，车贷是贷款给客户用于买汽车的，消费贷是贷款给客户用于消费的，还有经营贷，它是用于公司经营的贷款。对于银行来说，最担心的是放出去的贷款没有办法收回来，我们把收不回来的贷款叫作"坏账"。没有坏账是不可能的，但是，银行希望把坏账的比例降低，这样才能保证银行持续运营。

设备

货没卖出去，银行贷款还不了。

乐乐：为什么银行的贷款会收不回来呢？是贷款的人不想还钱吗？

妈妈：产生坏账的原因有很多，有可能是贷款人短期资金比较紧张，真的没钱还；也有可能像你说的，贷款人故意赖账，不想还了。这时候，银行就要动用法律武器去追索贷款本金和利息了。

乐乐：我的零花钱被借出去后，借钱的这个人可一定得还钱啊，不然我的零花钱就没有了。

妈妈：放心，你的零花钱不会丢的，因为坏账的风险是由银行承担的，银行会通过很多手段防止坏账出现，这就是风险控制工作，简称"风控"。只要风控措施到位，银行是不会赔钱的。事实上，我们国家的大银行一年能赚好几千亿元呢。所以，银行一定会按照它对你的承诺，把你的本金和利息都还给你的哦。

乐乐：太好了，零花钱不仅不会丢，还能变得更多，那我就能吃更多的巧克力了，好耶！

妈妈：小馋猫，就知道吃零食。你还没有满16岁，是不能开立正常的银行账户的，只能办儿童银行卡。所以需要妈妈陪你来银行，因为妈妈是你的监护人。另外，妈妈还带了户口本来哦。好了，已经轮到你了，咱们去找柜台里的阿姨办银行卡吧。

乐乐：哈哈，终于有了自己的银行卡，以后银行还要给我付利息，我的零花钱会越来越多的。

妈妈：拥有银行卡只是管理财富的一小步哦，不过这一步很重要。你还要学习更多的东西，才能把自己的财富管理好哦。

妈妈小讲堂

银行的业务主要和钱的进出相关，最基本的业务是存款和贷款。存款和贷款都有利息，利息的多少和本金金额以及存款或贷款的时间长短有关。相同的金额、相同的时间，存款的利息要比贷款的利息少。银行主要就是靠着利息差来赚钱的。存款主要包括活期存款、定期存款、通知存款等。贷款根据用途不同，也可以分为很多类。

结语

通过和妈妈谈论钱，可可和乐乐从妈妈那里学到了很多与金钱相关的有趣的知识。从钱的发展历史，到不同国家之间钱的汇率，再到钱的制造过程和银行的运行方式，通过了解这些知识，两个小朋友对钱在生活中所起的作用更有兴趣了。

事实上，这些知识仅是财商教育的启蒙，有更多与经济学和金融学相关的知识与我们的生活息息相关。但是很多人却对这些有用的知识视而不见。是什么决定了玩具汽车的价格？为什么有的旧物品比新的还贵？为什么黄金价格那么高？为什么有些人拥有足够多的被动收入？如果能理解这些，孩子们就能从小树立对金钱的正确观念，为一生的财富积累打下基础。

从小培养孩子的财商，是一件很有价值的事情，值得每一位大朋友为之努力哦。